"不知道"船长寻找的宝物是什么呢？

 地球生病了

寻找宝物的 "不知道" 船长

[韩] 郑敬喜◎著　[韩] 林志瑛◎绘

千太阳◎译

吉林科学技术出版社

一艘满载粮食、衣物、图书、玩具的大船正在码头边等待着出港。

"让我们一起祈祷本次航行取得成功，一起出发去寻找宝物吧！"长着八字胡的"不知道"船长高举着指挥棒，下达了出发的命令。

于是，船员们全都在自己的岗位上忙碌起来，雄伟的大船离开码头，向着广阔的大海驶去。

开始几天一直都是阳光明媚、风平浪静的样子。

但是，很快就出现了严重的问题。

船队遇到了饮用水不足的问题。

负责饮食的厨师发现仓库里的饮用水几乎被用光了，立即惊慌失措地跑去找"不知道"船长。

"船长！饮用水几乎见底了。我们必须掉头驶回码头。"

"过不了多久，我们就能到布满宝物的蓬蓬岛了，怎么能掉头回去呢！你知道往返一趟需要多久吗？我不管！我们就在海中航行，你竟然说水不够？"

站在一旁听他们说话的一级海员奥库看起来很赞同船长的话。

"船长！你说得很对！我们生活的地球表面70%左右都被水覆盖着，可以说水非常多。我们现在正航行在水面上。"

"对呀，我说的就是这个意思！"

　　"但是，我们能够饮用的淡水*并不多。能够用来饮用、灌溉的水只占全部水资源的3%左右。而且，地球上的人口正在快速增长，出现了严重的水质污染，这会对我们的身体健康和生存环境造成巨大的威胁。如果都像船长一样，认为有这么多的海水不会出什么问题，那可就是大错特错了。因为像盐水一样咸的海水根本就无法用来饮用。"

　　听了奥库的话，"不知道"船长吓了一跳。

　　"啊！那么我们现在该怎么办呢？我不知道，不知道！你这个聪明的一级海员赶紧想想办法吧。反正绝对不能掉转船头回去！"

*淡水：河流和湖泊等含盐分极少的水。

10

"不知道"船长不肯放弃近在眼前的蓬蓬岛，
于是，强行让大家继续前进。

淡水已经全部用光了，大家既没有可以喝的水，也
没有用来洗漱做饭的水。

随着时间的流逝，大家都觉得口渴难耐。

"没想到，只要打开水龙头就哗哗流出来
的水，竟然如此珍贵！"

现在，"不知道"船长心想，只要有一
杯水，他愿意用自己贵重的项链去换。

虽然他现在很想掉转船头回到陆
地上，但为时已晚。

"船长，船员们一个个都晕倒了。再继续这样下去，所有人都会被渴死的！"

听了厨师的话，"不知道"船长一下子悲伤起来。

但是，他现在连眼泪都干枯了，一滴也流不出来。

就在这时，站在瞭望台*上的船员突然大声喊了起来。

*瞭望台：为了查看敌人动向或周边情况而搭建起来的高台。

"前方能看到蓬蓬岛了！"

听到他的喊声，所有人拼尽全力直起身，向远处的海面望去。

在不远处就真的看到了美丽的蓬蓬岛。

"啊，这下有救了！"

"不知道"船长重新燃起了希望。

　　到达蓬蓬岛后，"不知道"船长和船员们并没有急着去寻找宝物，而是去找岛上的居民，请求他们给自己一些水喝。

　　"我们能喝的水也不充足，所以只能分给你们一点点！"族长只给每一位船员分了一杯水。

　　"可地图上明明标记着，蓬蓬岛上有很多可以饮用的干净水源啊！你们太小气了。好吧，我们用银币买你们的水喝，总行了吧?"

　　"不知道"船长拿出闪闪发光的银币递给族长。

　　"我们不需要钱，我们只需要干净的水。以前，我们岛上确实有很多纯净的水源。但是，不知道为什么，自从岛外的人们来过之后，水源就不再干净了。最近还出现了百年不遇的大旱，所以我们生活得也很艰难。"

19

"不知道"船长听了蓬蓬岛居民的遭遇后，陷入了沉思中。

过了一会儿，他大声招呼着自己的船员。

"我们现在与蓬蓬岛上的居民是同样的命运。只有净化这个岛上的水源，我们才能活着回去！所以，让我们团结起来，一起努力，让岛上的水源重新变干净吧！"

船员们全都同意"不知道"船长的提议。

"我们是一体的！帮助你们净化水源，就是在拯救我们自己！"

船员们斗志昂扬地喊着口号。

21

在"不知道"船长的指挥下，船员们全体出动，去查看蓬蓬岛水源污染的原因。

经过他们走访调查，发现原来是来自岛外的人们埋进土地里的垃圾释放出了有毒物质，污染了地下水。

而海边附近的地下水也被往来船只泄漏的石油，及岛上居民们建造房屋和生活中排放的污水污染了。

"有没有能够解决淡水不足的好方法呢？""不知道"船长向船员们征求意见。

船员们纷纷说出了自己的想法。

"把海水中的盐分提取后使用！"

"那需要有提取盐分的装置才行，装置非常昂贵，仅凭我们的力量是无法办到的。"一级海员奥库说出了自己的看法。

25

　　"要不我们去极地搬运一些冰川过来怎么样？冰川不会像海水一样那么咸，而且非常庞大！"

　　"可是要这样做的话，需要一大笔钱和时间。而且在搬运途中，冰川很有可能会融化掉。"

　　"最好是找出一个更切实际的方法。首先节约用水，然后阻止水污染，并且净化脏水。"

　　"好！这是目前最现实的方法！"

　　"不知道"船长激动地站了起来。

　　奥库也赞同地点了点头。

　　船员们首先把岛上的垃圾清理干净，然后对岛上的
污水处理设施进行了修复，阻止污水继续产生。

　　而且，他们还利用木炭和沙子制作了简易净水器。

　　在船员们的呼吁下，岛上居民们也比以前更加节约
用水了。

　　一段时间后，水源渐渐变得清澈，蓬蓬岛上又有了
干净清澈的水源。

"太感谢你们了！"

族长向"不知道"船长表示了真挚的感谢。

"你们是来岛上寻找宝物的吧。那么，跟我来吧！"

他们来到的地方正是位于森林中一处非常清澈的泉眼旁。

"这个泉眼不管遇到什么情况都不会干涸，这是我们的神圣泉眼，因为这眼泉水我们才能健康长寿。但是，没想到连这个泉眼都被污染了，大家都非常担心。在你们的帮助下，神圣泉眼又恢复了生机，所以我们都非常开心。"

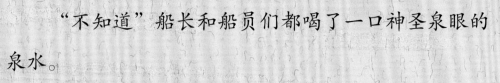

　　"不知道"船长和船员们都喝了一口神圣泉眼的泉水。

　　甜甜的泉水涌入喉间，身体和心灵都好像变得润润的，给人一种幸福的感觉。

　　"没有被污染的干净水源！这就是宝物呀！"

　　"不知道"船长直到这时才明白，地图上标记的宝物并不是金银珠宝，而是干净清澈的泉水。

"不知道"船长带着神圣泉眼的泉水返回陆地时，暗自思考。

"如果告诉大家这些泉水就是我找到的宝物，应该会被嘲笑吧。但是，跟我一起完成这次航行的船员们都很清楚，能够拯救所有生命的干净的水，才是世界上最珍贵的宝物！"

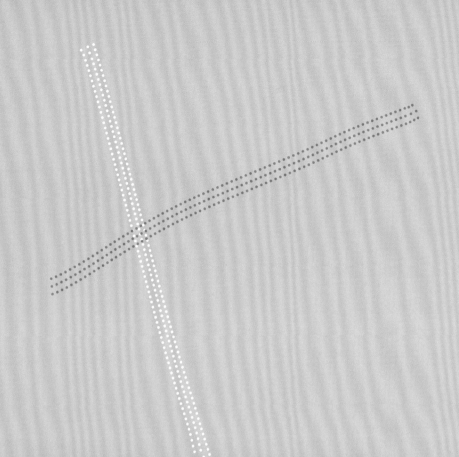

我们一起去寻找淡水吧

"不知道"船长和船员们需要用来饮用和洗漱的水，但是，船上一点儿水都没有了。沿着迷宫去寻找他们可以使用的水吧。

听说水资源不足了

水资源不足会出现各种各样的问题。找一找可以解决水资源不足造成的问题的方法，然后剪下来并贴在下面的空白处。

我们村子里没有水井，所以每天早晨都要花3个小时去邻村打水。

粘贴处

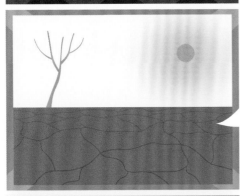

已经三个多月没有下雨了，马上就要农耕了，真是让人担心啊。

粘贴处

工厂废水导致水源被污染了，根本就无法安心喝水了。

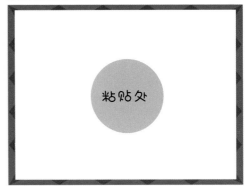

粘贴处

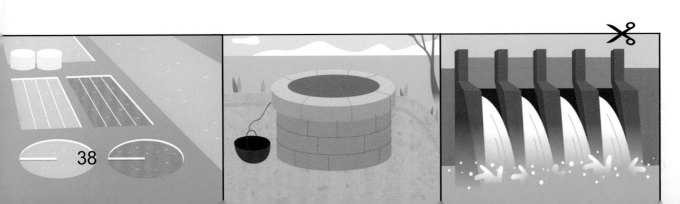

需要废水净化的设施。

节约用水

水是生命之源，大家可以与家人一起养成节约用水的良好生活习惯，坚持实践一个星期。然后用√把自己和家人的实践行动标注出来。

·把衣物积攒起来，放在一起清洗。	
·刷牙时把水接到杯子里使用。	
·时常检查家中是否有漏水的地方。	
·刷碗时用淘米水代替洗洁精。	
·在马桶水槽中放入装有水的塑料瓶或是砖块。	
·洗衣服或者头发时减少洗衣粉和洗发水的用量。	
·不与朋友打水仗。	
·洗澡时缩短时间。	
·安装可以节约用水的水龙头和喷头。	
·使用过一次的水重复利用。	

我也要养成好的生活习惯，节约用水。

活动4 了解一下水的相关知识

水占据着地球表面大约70%的面积，是我们生活中非常重要的一种物质。水让动植物能够生存下去，而且还可以调节气温。在不同的条件下，水有不同的形态。从下面的词中选出合适的填在空白处。

天空中的雨滴结冰后变成的雪也是水变成的。

把水壶中的水加热到沸腾，就会出现白色烟雾一样的气体。

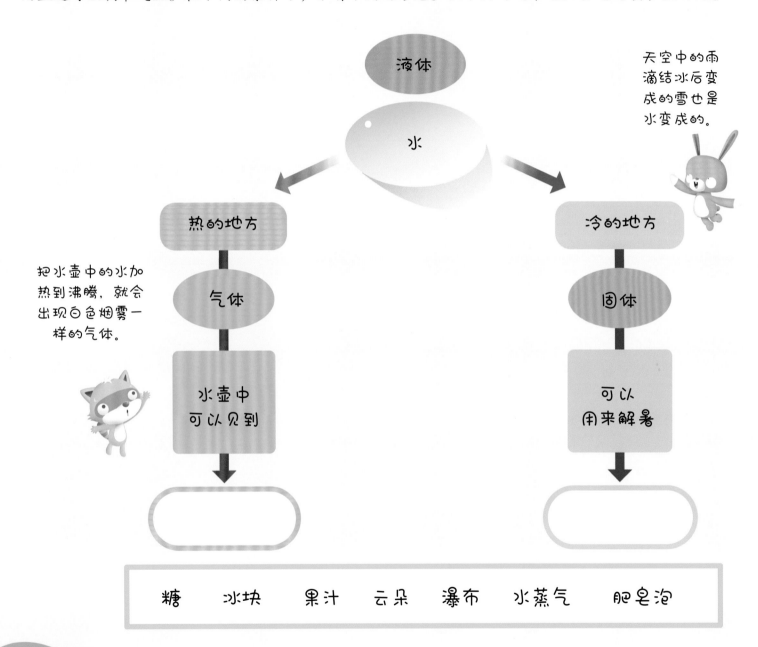

液体

水

热的地方 → 气体 → 水壶中可以见到 → ▢

冷的地方 → 固体 → 可以用来解暑 → ▢

糖　　冰块　　果汁　　云朵　　瀑布　　水蒸气　　肥皂泡

制作简易净水器

让我们利用简单的材料制作简易净水器，然后观察净化水的过程。

准备物品：塑料瓶（1.5L）、石子、沙子、木炭、纱布、橡皮筋、干净的水、泥水、剪刀、烧杯

1 用剪刀把塑料瓶的底部剪掉。

2 用纱布包裹住塑料瓶的瓶口，然后用橡皮筋紧紧地捆住。

3 把塑料瓶倒立过来，从瓶口开始依次放入木炭、沙子、石子、木炭、沙子、石子。

4 先倒入干净的水，清除木炭粉末。

5 然后往完成的净水器里倒入泥水。

多次通过简易净水器后，水会变得更干净。

6 观察一下，通过简易净水器的泥水变干净了多少。

让人好奇的正确答案

好好找一找我们可以喝的水吧。

36~37页

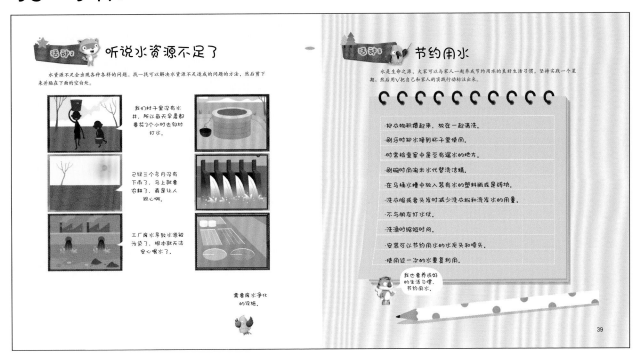

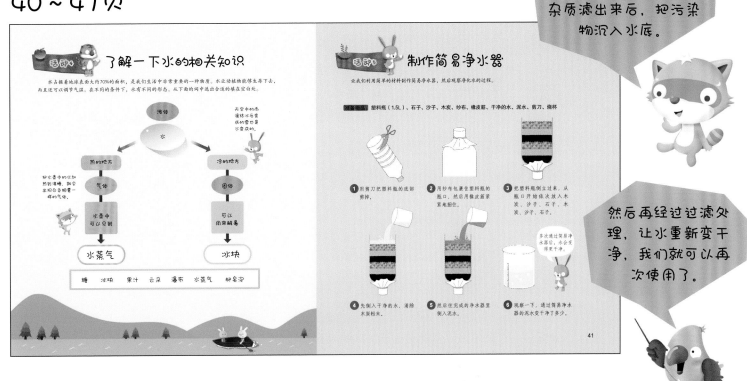

荒漠化

荒漠化指的是由于人为和自然因素的综合作用，使得干旱、半干旱和湿润、半湿润地区土地退化。现在全球各地都出现了荒漠化现象，沙漠的总面积已经占据了地球陆地面积的10%。荒漠化主要是由于干旱少雨、植被破坏、大风吹蚀、流水侵蚀、土壤盐渍化等因素造成的。

荒漠化加速的原因

人们为了收获更多的农作物，不停地开垦土地；为了获取木材，对森林进行乱砍滥伐。结果导致土壤中的水分、养分流失，土地退化。这些现象持续下去，土地总有一天会变成沙漠。

《联合国防治荒漠化公约》

联合国为了防治荒漠化，1994年在法国巴黎通过此公约。在这份公约中向人们强调了防治荒漠化的重要性，提出了可以阻止荒漠化的方法，号召全世界一起实践。

沙尘暴

沙尘暴是指强风将地面尘沙吹起，使空气混浊，水平能见度小于1千米的天气现象。沙尘暴是荒漠化中的一种标志，它的形成受自然因素和人类活动因素的共同影响。沙尘暴危害人类身体健康，导致精密机器出现故障，妨碍农作物的生长。最近几年来，沙尘暴因为荒漠化而越来越严重。

阻止荒漠化的森林

森林是水的故乡。天空中雨水落到地面后，森林中的树木、草、泥土、微生物等会储存水分。在雨停后，森林会继续储存水分，然后地下水流入溪流或者江河中。森林的"大坝作用"可以阻止荒漠化，因此，全世界都在努力地植树造林。

环境守护者

了解一下什么是沙漠绿洲。

荒漠化的后果

荒漠化是一个渐进的过程，其危害及产生的影响却是持久而深远的。土地荒漠化、沙化的危害主要表现为可利用土地资源减少、土地生产力严重衰退、自然灾害加剧、生态平衡难以为继。

💡 城市荒漠

城市里出现荒漠化现象，就被称为"城市荒漠"。城市荒漠化的原因主要是绿地不足，下水管道规划不合理，雨水无法渗入地下等。城市荒漠化现象还会加剧大气污染。

图书在版编目（CIP）数据

寻找宝物的"不知道"船长 / （韩）郑敬喜著；千
太阳译. -- 长春 ： 吉林科学技术出版社，2020.3
（地球生病了）
ISBN 978-7-5578-6723-2

Ⅰ. ①寻… Ⅱ. ①郑… ②千… Ⅲ. ①水资源保护—
儿童读物 Ⅳ. ①TV213.4-49

中国版本图书馆CIP数据核字(2019)第295066号

吉林省版权局著作合同登记号：
图字 07-2018-0064

地球生病了·寻找宝物的"不知道"船长
DIQIU SHENGBINGLE · XUNZHAO BAOWU DE "BUZHIDAO" CHUANZHANG

著	[韩] 郑敬喜	
绘	[韩] 林志瑛	
译	千太阳	
出 版 人	宛 霞	
责任编辑	潘竞翔	赵渤婷
封面设计	长春美印图文设计有限公司	
制 版	长春美印图文设计有限公司	
幅面尺寸	262 mm×273 mm	
开 本	12	
字 数	70千字	
印 张	4	
印 数	1-6 000册	
版 次	2020年3月第1版	
印 次	2020年3月第1次印刷	

出 版	吉林科学技术出版社
发 行	吉林科学技术出版社
地 址	长春净月高新区福祉大路5788号
邮 编	130118
发行部电话/传真	0431-81629529 81629530 81629531
	81629532 81629533 81629534
储运部电话	0431-86059116
编辑部电话	0431-81629518
印 刷	吉广控股有限公司

书 号	ISBN 978-7-5578-6723-2
定 价	24.80元